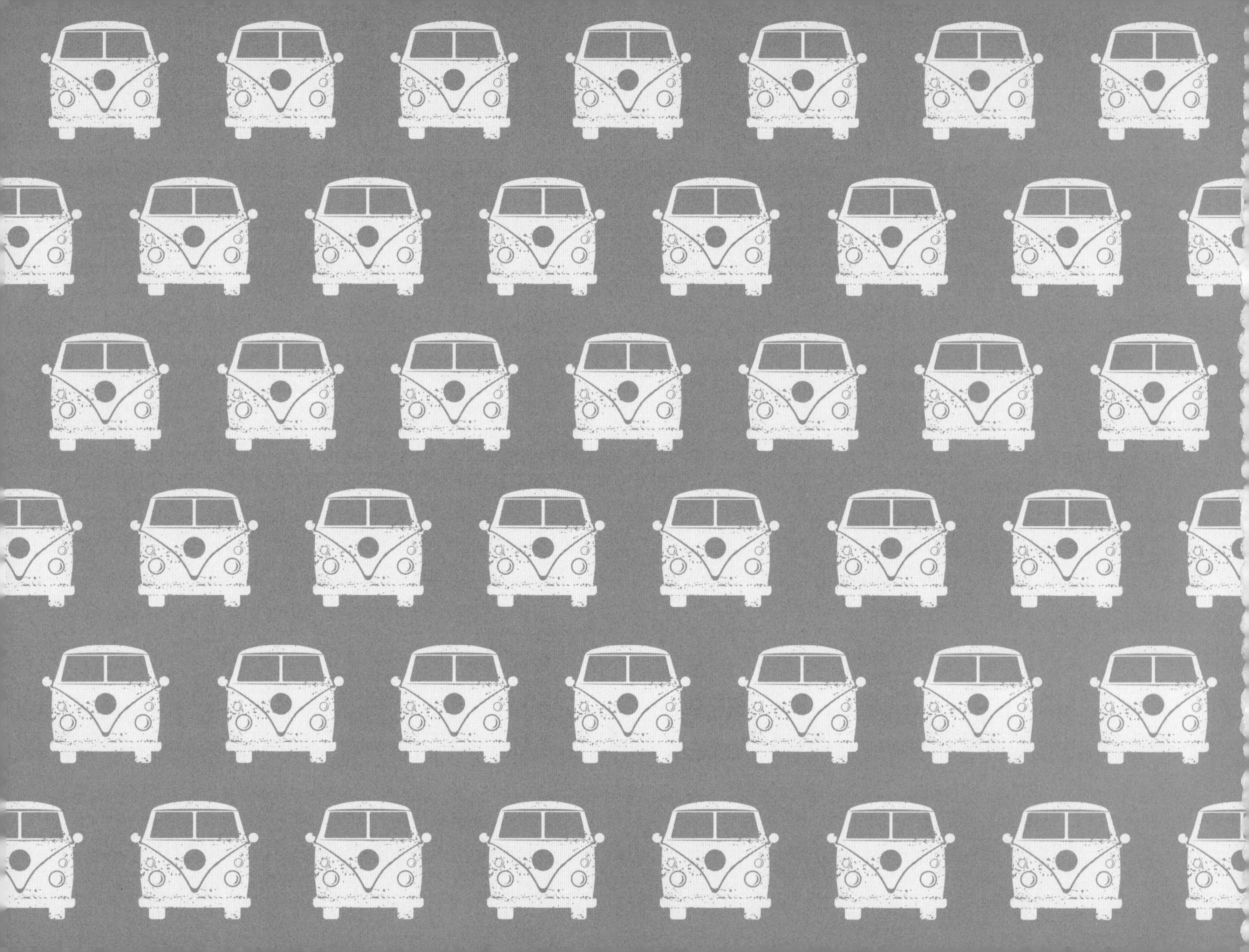

DELIUS KLASING

Die englische Originalausgabe mit dem Titel »Camper Love« erschien bei
Summersdale Publishers Ltd, Chichester.
This translation published by arrangement with Summersdale Publishers Ltd.

Bibliografische Information der Deutschen Nationalbibliothek
Die Deutsche Nationalbibliothek verzeichnet diese Publikation
in der Deutschen Nationalbibliografie; detaillierte bibliografische
Daten sind im Internet über http://dnb.dnb.de abrufbar.

1. Auflage
ISBN 978-3-667-10464-9
Die Rechte für die deutsche Ausgabe liegen beim Verlag
Delius Klasing & Co. KG, Bielefeld

Aus dem Englischen von Marina Block
Lektorat: Alexander Failing
Satz: Axel Gerber
Druck: Print Consult, München
Printed in Slovakia 2016

Delius Klasing Verlag, Siekerwall 21, D - 33602 Bielefeld
Tel.: 0521/559-0, Fax: 0521/559-115
E-Mail: info@delius-klasing.de
www.delius-klasing.de

Jamie Tinney

Bulli forever

Liebeserklärung an ein Lebensgefühl

Delius Klasing Verlag

Einleitung

Als der letzte VW T2 am 31. Dezember 2013 in Brasilien vom Band lief, markierte das das Ende einer stilistischen Ära. Der klassische Bulli war nicht nur etwas, um von A nach B zu kommen. Vielmehr verkörperte er Lebensqualität, denn er gab seinen Besitzern die Möglichkeit, sich aus dem Alltag auszuklinken und einfach aufzubrechen, wohin auch immer ihre Träume sie hinführen mochten. Das alles bedurfte nicht viel Vorbereitung, abgesehen vielleicht von etwas Proviant und einem Wasserkessel für die lebensnotwendige Tasse Tee am Wegesrand, wenn sie (und höchstwahrscheinlich auch ihr T1 bzw. T2) eine Verschnaufpause nötig hätten.

Jeder, der eines dieser Fahrzeuge besitzt – oder zu besitzen anstrebt – wird bestätigen, dass sie viel mehr sind als die Summe ihrer physikalischen Teile. Die weit auseinander stehenden Scheinwerfer geben ihnen ein freundlich aussehendes Gesicht; die Türen benötigen öfter mal einen ganz speziellen Kick um zu schließen, das optionale Aufstelldach erlaubt es einem, aufrecht zu stehen und sich nach einem ausgiebigen Schläfchen inmitten vom Nirgendwo genüsslich zu strecken. Nur mit den Vögeln und einem atemberaubenden Ausblick als Gesellschaft, ist der Bulli der Zufluchtsort, wo man Würstchen braten und sich gemütlich und warm einkuscheln kann, wenn die Grillparty mal sprichwörtlich ins Wasser gefallen sein sollte.

Bulli forever ist eine tief empfundene Hommage an die frühen Transporter von VW, geliebt von freien Geistern, glücklichen Urlaubern und Klassiker-Liebhabern aus jeder Gesellschaftsschicht. Also mach's dir bequem und sei bereit, auf der Straße der Erinnerung und der Träume (wenn auch langsam) entlang zu reisen.

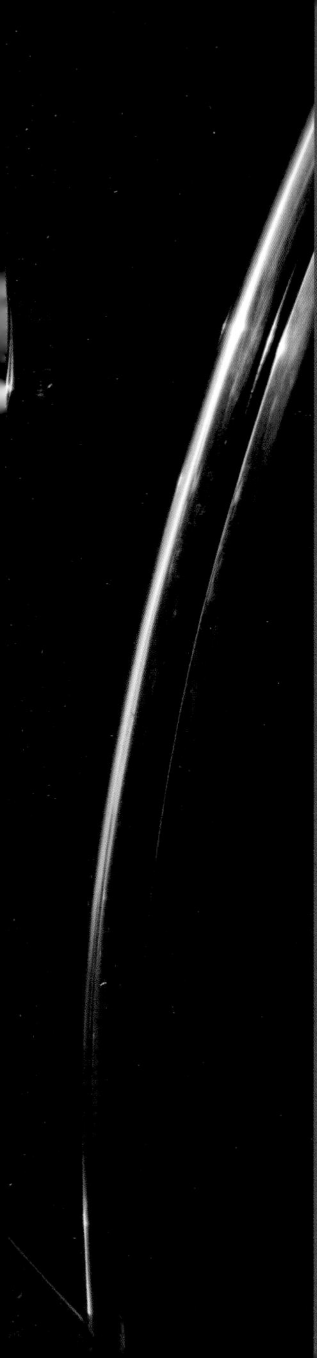

»Einfachheit ist die ultimative Form der Perfektion.«

WILLIAM GADDIS

»Hänge nicht der Vergangenheit nach, träume nicht von der Zukunft – konzentriere deine Gedanken auf den gegenwärtigen Augenblick.«

BUDDHA

NACH DER ÜBERFÜHRUNG DIESES T1 AUS KALIFORNIEN FANDEN DIE BESITZER DREI EINSCHUSSLÖCHER AN DER STIRNSEITE DES FAHRZEUGS. SIE ENTSCHIEDEN, IHN MARVIN ZU NENNEN – NACH DER FIGUR IN *PULP FICTON*, DEREN GESICHT EBENFALLS AUF EIN ABGEFEUERTES GEWEHR TRAF …

»Schönheit liegt im Auge des Betrachters.«

MARGARET WOLFE HUNGERFORD

EIN T1-KASTENWAGEN, DER ETWAS LIEBE NÖTIG HÄTTE

»Die Landstraße ist eine Verheißung, etwas Unbekanntes, ein Ort, an dem ein Mensch sich verlieren kann.«

WILLIAM LEAST HEAT-MOON

»In allen Dingen der Natur liegt etwas Großartiges.«

ARISTOTELES

LITTLE COUGH, BENANNT NACH EINER KURZGESCHICHTE VON DYLAN THOMAS, DIE VON EINEM ABENTEUERLICHEN CAMPING-TRIP ERZÄHLT

»Wage es, anders zu sein.«

UNBEKANNT

DER 1958ER-T1, DER 1980 IM FILM *GETTING WASTED* VON PAUL FRIZLER BERÜHMT WURDE

TANK

»Mode verblasst, nur Stil ist dauerhaft.«

COCO CHANEL

»Vergiss nicht, dass die kostbarsten Antiquitäten liebe alte Freunde sind.«

H. JACKSON BROWN JR.

EIN T2-»WESTI« WARTET AUF DEN FRÜHLING

»Nicht alle, die umherschweifen, haben sich verirrt.«

J. R. R. TOLKIEN

»Es liegen viel bessere Dinge vor als hinter uns.«

C. S. LEWIS

EIN T2-DEVON CAMPER VON 1977 IN ST. OUEN'S BAY, JERSEY

»Unser Reiseziel ist niemals ein Ort, sondern eine neue Sicht der Dinge.«

HENRY MILLER

DIE AUSSICHT AUS EINEM WESTFALIA-T2 IN SANTA BARBARA, KALIFORNIEN

»Ohne handwerkliches Geschick ist Inspiration nichts als ein zitterndes Schilfrohr im Wind.«

JOHANNES BRAHMS

PUMBA, LIEBEVOLL RESTAURIERT VON SEINEN BESITZERN DOUG UND LOUISE PHILLIPS

GB

»Mögen deine Wege krumm
und verschlungen sein.
Und zur schönsten
Aussicht führen.«

EDWARD ABBEY

»Habe keine Angst vor der Perfektion.«

SALVADOR DALÍ

»Nirgendwohin oder
auch überallhin –
wandere weiter unter
den Sternen.«

JACK KEROUAC

»Der Unterschied zwischen etwas Gutem und etwas wirklich Großem ist die Liebe zum Detail.«

CHUCK SWINDOLL

»Selig sind die Neugierigen, denn sie werden Abenteuer erleben.«
LOVELLE DRACHMAN

»Das Ziel ist nicht, ewig zu leben, sondern etwas zu schaffen, das ewig leben wird.«

CHUCK PALAHNIUK

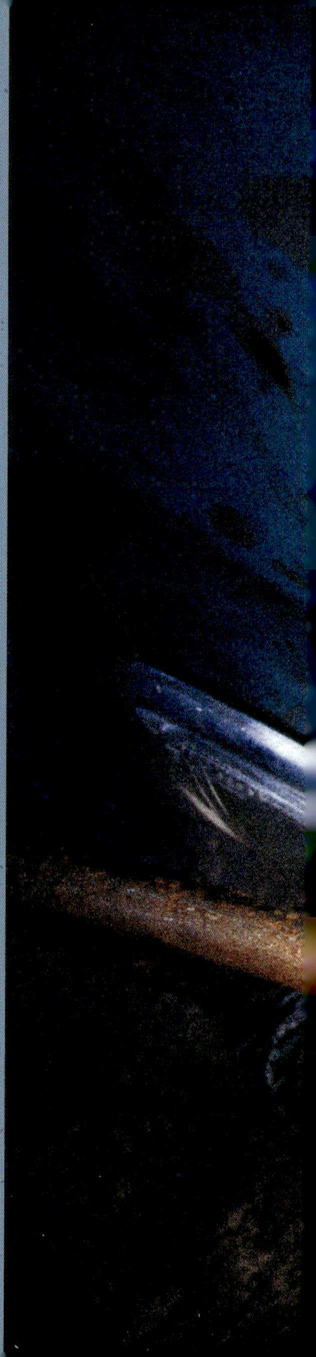

»Das Leben soll man genießen, nicht bloß erdulden.«

GORDON B. HINCKLEY

EIN ORIGINAL ERHALTENER WESTFALIA-T1 VON 1967

»Um nicht ersetzbar zu sein, muss man sich immer von anderen unterscheiden.«

COCO CHANEL

EIN STARK MODIFIZIERTER T1 MIT ÜBER 600 PS – WAHRSCHEINLICH DER SCHNELLSTE CAMPER IN GROSSBRITANNIEN ...

AUTOS

home
living

»Stil ist ein Weg zu sagen, wer man ist, ohne etwas erklären zu müssen.«

RACHEL ZOE

»Freundschaft handelt nicht von jemandem, den du am längsten kennst.

Es handelt von dem, der kam und niemals von deiner Seite wich.«

UNBEKANNT

»Ein guter Stil muss etwas Neuartiges beinhalten und gleichzeitig seine Kunstfertigkeit verbergen.«

ARISTOTELES

»Ich würde lieber mitten im Nirgendwo aufwachen als in irgendeiner Stadt auf der Erde.«

STEVE MCQUEEN

»Die meisten meiner kost-
barsten Reiseerinnerungen
sind Erinnerungen ans
Sitzen.«

ROBERT THOMAS ALLEN

»Ein guter Ferientag ist,
wenn du ihn unter Menschen
verbringst, deren Zeit-
begriff noch unpräziser
ist als dein eigener.«

J. B. PRIESTLEY

EIN HOCHZEITSAUTO NACH CORNWALL-ART

»Qualität zählt,
nicht Quantität.«

SENECA DER JÜNGERE

»Der Geist des Menschen braucht Plätze, an denen der Mensch die Natur noch nicht umgestaltet hat.«

RALPH WALDO EMERSON

»Wie weit ist doch meine Reise, und wie klein sind die Mittel, die ich habe.«

AL-FUDAYL IBN 'LYAD

»Ein guter Reisender hat keine festen Pläne und ist nicht versessen darauf, anzukommen.«

LAO TZU

»Durch meine Träume wirbeln Bilder von Sternen, Wolken und Feuerschein.«

JOHN GEDDES

EIN T2-DEVON MOONRAKER VON 1978. ER IST SOWOHL IM ALLTAG ALS AUCH IN DEN FERIEN IM EINSATZ

»Das Meer – wenn es erst einmal seinen Zauber hat wirken lassen – hält einen für immer in seinem Netz.«

JACQUES COUSTEAU

VOLKSWAGEN

MAXWELL
REO
Nestle

»Luxus findet sich in
jedem Detail.«

HUBERT DE GIVENCHY

»Anmut ist die Schönheit der Gestalt unter dem Einfluss der Freiheit.«

FRIEDRICH SCHILLER

»Wir erinnern uns
nicht an Tage, wir
erinnern uns an
Augenblicke.«

CESARE PAVESE

»Menschen wollen schauen. Mach', dass es sich für sie lohnt.«

HARRY WINSTON

EIN WESTFALIA-T1 VON 1967 IN GELUNGENEM SURFSTYLE

»Es sind die kleinen Details, die wichtig sind. Kleine Dinge haben große Auswirkungen.«

JOHN WOODEN

»Derjenige, der glück-
lich reisen will, muss
leicht reisen.«

ANTOINE DE SAINT-EXUPÉRY

EMPI

»Es ist gut, ein
Reiseziel vor Augen
zu haben, aber letzt-
endlich ist es die
Reise, die zählt.«

URSULA K. LE GUIN

»Wo du bist – da ist Heimat.«

EMILY DICKINSON

FLORENCE, EIN WESTFALIA-T2 VON 1978, FOTOGRAFIERT AUF EINEM CAMPINGPLATZ IM SONNIGEN HAMBURG

YNU 423

»Wirklich elegantes Design verbindet spitzenmäßige Funktionalität mit einer einfachen und exakten Form.« DAVID LEWIS

SONNENUNTERGANG UND LICHTEFFEKTE AUF EINEM FLUGFELD IN NORFOLK

»Der halbe Spaß am
Reisen ist die Ästhetik
der Verlorenheit.«

RAY BRADBURY

WESTFALIA-T2 VON 1978 IM LEWIS AND CLARK STATE PARK, WASHINGTON

»Erforsche, träume, entdecke.«

MARK TWAIN

»Reichtum besteht nicht im Besitz von Kostbarkeiten, sondern im Gebrauch, den man von ihnen macht.«

NAPOLEON BONAPARTE

SANTA CRUZ
VOLKS CAFE

»Tausende von müden,
gestressten, über-
zivilisierten Menschen
fangen an zu begreifen,
dass Wildnis ein
Bedürfnis ist.«

JOHN MUIR

EIN WESTFALIA-T1 VON 1967 AUS KALIFORNIEN IN ST OUEN'S BAY AUF JERSEY

»Ich erhole mich, wenn ich allein bin.«

MARILYN MONROE

HIPPIE-BUS AUF EINEM VW-TREFFEN IN FLEY, BURGUND

»Freiheit liegt im Wagemut.«

ROBERT FROST

»Ich weiß nicht, wohin ich gehe, aber ich bin auf dem Weg.«

CARL SAGAN

EIN T2-»WESTI« AUF DEN MAGDALEN ISLANDS, QUEBEC, KANADA

»Wo auch immer du bist –
sei ganz da.«

JIM ELLIOT

HOT CHILLI, EIN T2 VON 1971

»Form und Funktion
sollten eine Einheit
bilden.«

FRANK LLOYD WRIGHT

FOR SALE
LCV 119E

»Genuss bietet der unwegsame Wald, berauschend wirkt das einsame Ufer.«

LORD BYRON

»Reisen ist nicht etwas, in dem du gut bist. Es ist einfach etwas, das du tust. Wie atmen.«

GAYLE FOREMAN

»Alles besitzt Schönheit, aber nicht jeder sieht das.«

KONFUZIUS

»Aber was ist Glück, außer der schlichten Harmonie zwischen einem Menschen und dem Leben, das er führt?«

ALBERT CAMUS

Matari
COFFEE

»Dekorieren bedeutet, eine Lebensqualität zu erschaffen, eine Schönheit, die die Seele berührt.«

ALBERT HADLEY

INTERIEUR DES T1 VON 1958, DER 1980 IN DEM FILM *GETTING WASTED* VON REGISSEUR PAUL FRIZLER VERWENDET WURDE

»Die Schönheit, die du
in mir siehst, ist eine
Spiegelung von dir.«

VANNA BONTA

»Selten ist die Einheit
von Schönheit und
Reinheit.«

JUVENAL

»Lebe im Sonnenschein,
schwimme im Meer,
genieße die Freiheit.«

RALPH WALDO EMERSON

Fotonachweis

Einbandvorderseite: Jean Viljoen

Einbandrückseite Foto © Conrad Yates

S.6 – Foto © Chris Nixon

S.8 – Foto © Scott Ellison

S.10 – Foto © Daniel Silva

S.12 – Foto © Patrick J. Dalton

S.14 – Foto © Jo Gemmell

S.16 – Foto © Helen Cousins

S.18 – Foto © Doug Klassen

S.20 – Foto © pndtFoto.com

S.22 – Foto © Andrew J. Barr

S.24 – Foto © Conrad Yates, Jersey

S.26 – Foto © Imke Laux

S.28 – Foto © Kirsty Burge

S.30 – Foto © David Asch

S.32 – Foto © Karen Mills

S.34 – Foto © Penny Scott, O'Connor's Campers

S.36 – Foto © Craig Armstrong

S.38 – Foto © Manuel Fernandez/Shutterstock

S.40 – Foto © Adrian Halford

S.42 – Foto © Conrad Yates, Jersey

S.44 – Foto © J. A. Cleland

S.46 – Foto © Jo Gemmell

S.48 – Foto © Damian Antony Scott (Leeds, UK)

S.50 – Foto © Jason Cross

S.52 – Foto © nicolamargaret/istockFoto

S.54 – Foto © snailtrail.co.uk

S.56 – Foto © Jason Mayes

S.58 – Foto © Matthew Short

S.60 – Foto © Penny Scott, O'Connor's Campers

S.62 – Foto © Jonathan Croughton

S.64 – Foto © Andrew Parsons

S.66 – Foto © Shirley Searle

S.68 – Foto © Helen Cousins

S.70 – Foto © Bryce Womeldurf

S.72 – Foto © Darren Hunt

S.74 – Foto © Ian Lloyd

S.76– Foto © Conrad Yates, Jersey

S.78 – Foto © carrollFoto/istockFoto

S.80 – Foto © Darren Hunt

S.82 – Foto © Cameron Self

S.84 – Foto © Simon Handby

S.86 – Foto © Owen Bushell

S.88 – Foto © David Hsiao

S.90 – Foto © Janis Lacis/Shutterstock

S.92 – Foto © ImageMediaGroup/istockFoto

S.94 – Foto © Conrad Yates, Jersey

S.96 – Foto © Marine Ruget
(thevoodootribe.tumbler.com)

S.98 – Foto © m.czosnek/istockFoto

S.100 – Foto © pndtFoto.com

S.102 – Foto © Helen Cousins

S.104 – Foto © Matthew Read

S.106 – Foto © thinair28/istockFoto

S.108 – Foto © Carlos Caetano/Shutterstock

S.110 – Foto © Steve Mann/Shutterstock

S.112 – Foto © Robert (Paris-Roubaix)

S.114 – Foto © Helen Cousins

S.116 – Foto © Andrew Whyte/LongExposures.co.uk

S.118 – Foto © Penny Scott, O'Connor's Campers

S.120 – Foto © the_guitar_mann/istockFoto

An alle Camper-Liebhaber:

Hast du einen guten Blick für einen perfekten Camper oder einfach einen schönen Bulli? Dann würden wir gern von dir hören! Sende uns deine eigenen Fotos von schönen Szenarios mit der Chance, dass sie in der Fortsetzung von *Bulli forever* gezeigt werden.

E-Mail:

info@delius-klasing.de

An alle Camper-Liebhaber:

Hast du einen guten Blick für einen perfekten Camper oder einfach einen schönen Bulli? Dann würden wir gern von dir hören! Sende uns deine eigenen Fotos von schönen Szenarios mit der Chance, dass sie in der Fortsetzung von *Bulli forever* gezeigt werden.

E-Mail:

info@delius-klasing.de

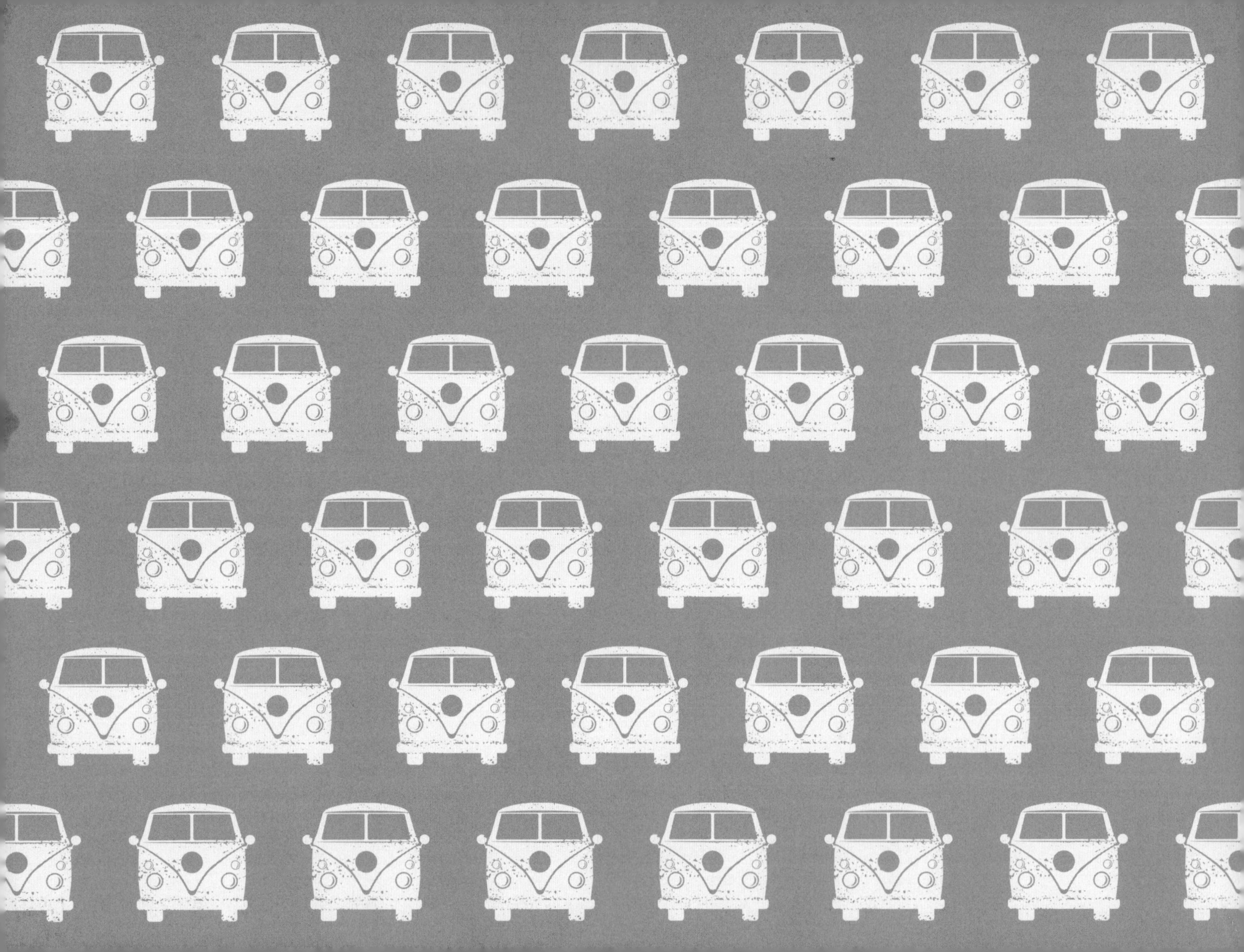